NOUVEAU PROCÉDÉ DE DOSAGE

DE

L'ACIDE CARBONIQUE

DANS LES EAUX MINÉRALES

SUIVI DE CONSIDÉRATIONS

SUR LA CONSTITUTION DES EAUX DE VICHY

PAR

M. Henri BUIGNET.

MÉMOIRE

lu à l'Académie impériale de médecine, dans sa séance du 9 septembre 1856.

PARIS.

IMPRIMÉ PAR E. THUNOT ET Cⁱᵉ,

RUE RACINE, 26, PRÈS DE L'ODÉON.

—

1856

NOUVEAU PROCÉDÉ DE DOSAGE

DE

L'ACIDE CARBONIQUE

DANS LES EAUX MINÉRALES

SUIVI DE CONSIDÉRATIONS

SUR LA CONSTITUTION DES EAUX DE VICHY.

NOUVEAU PROCÉDÉ DE DOSAGE

DE

L'ACIDE CARBONIQUE

DANS LES EAUX MINÉRALES

SUIVI DE CONSIDÉRATIONS

SUR LA CONSTITUTION DES EAUX DE VICHY

Par M. Henri BUIGNET.

Mémoire lu à l'Académie impériale de médecine, dans la séance du 9 septembre 1856.

Le dosage de l'acide carbonique libre dans les eaux minérales n'a été obtenu jusqu'ici que d'une manière très-difficile, et on peut dire aussi très-imparfaite. La chimie s'est trouvée embarrassée, au début de ses expériences, par la présence des bicarbonates que ces eaux renferment toujours et qui se décomposent sous les plus légères influences. A quelque procédé qu'elle ait eu recours, le mélange du gaz combiné au gaz libre est toujours venu compliquer le problème qu'il s'agissait de résoudre, et ce n'est qu'au prix d'analyses longues et minutieuses qu'elle a pu parvenir à en opérer le partage.

Cette manière indirecte de doser un des principes les plus importants de la constitution des eaux gazeuses n'a pu fournir, on le comprend, que des résultats très-incertains. Aussi, la plupart de ces résultats se trouvent-ils en désaccord soit avec eux-mêmes, ce sont ceux qui ont été obtenus par différents chimistes sur une même eau, soit avec les principes les mieux établis de la solubilité des gaz, ce sont ceux qui ont été obtenus par le même chimiste sur des eaux différentes.

Le procédé que je propose aujourd'hui est fondé sur l'emploi du vide barométrique. Il a le grand avantage de donner ses indications directement et d'affranchir par là de toutes les causes d'erreur qu'entraîne avec elle une analyse préalable. Il a, en outre, celui de pouvoir être exécuté très-promptement et avec une quantité de liquide véritablement très-petite, puisqu'elle n'a pas besoin d'excéder 20 centimètres cubes.

Lorsqu'on introduit dans le baromètre une eau gazeuse quelconque, telle par exemple que l'eau de Vichy, de Spa ou de Bussang, l'acide carbonique qu'elle tenait en dissolution se dégage instantanément pour remplir l'espace vide qui lui est offert. S'il se dégageait ainsi en totalité du sein de l'eau, rien ne serait plus facile que d'en obtenir la mesure, car le tube étant gradué en centimètres cubes, on n'aurait qu'à lire exactement le volume et à le corriger de toutes les circonstances qui le modifient dans le cas actuel. Mais la chambre barométrique étant toujours très-limitée, les premières portions de gaz qui se dégagent ne tardent pas à y former atmosphère et à exercer une pression suffisante pour arrêter le dégagement des autres parties : il en résulte que, même dans cette condition, l'eau minérale en retient encore une quantité assez notable, et comme cette quantité varie selon les circonstances, il importe de pouvoir la calculer chaque fois, si l'on veut arriver à quelque précision dans l'estimation générale.

Dans un travail récent sur l'absorption des gaz, M. Bunsen a établi les deux points de la science sur lesquels on peut baser ce calcul. Il a déterminé d'abord les chiffres qui expriment la solubilité de l'acide carbonique pour toutes les températures comprises entre 0° et 20°, et pour la pression normale 760°. Puis, ayant recherché l'influence que la pression pouvait avoir sur ces nombres, il a reconnu que la loi établie par MM. Henry et Dalton pouvait s'appliquer à toutes les pressions possibles, même à celles qui sont le plus voisines du vide absolu.

Il devient donc facile de connaître la petite quantité d'acide carbonique que retient encore l'eau minérale de notre expérience, puisque cette quantité est précisément celle qui correspond à la saturation de l'eau pour les conditions nouvelles où elle se trouve. Il faut se rappeler seulement que la solubilité du gaz ayant été déterminée par rapport à l'eau pure dans les expériences de Bunsen, les nombres qui l'expriment n'ont plus une rigueur absolue quand on les applique à une eau saline. Mais la différence, qui serait en effet sensible si l'on comparait les deux liquides à la pression ordinaire, devient très-peu marquée dans le vide, ainsi que j'ai pu le reconnaître, et c'est à peine si elle exerce une influence appréciable sur le résultat général qu'il s'agit d'obtenir.

On voit, d'après cela, que le procédé du vide est susceptible d'assez d'exactitude pour pouvoir être appliqué utilement à l'analyse des eaux gazeuses. Mais, avant d'en adopter l'usage, il faut s'être assuré qu'aucun des bicarbonates n'est décomposable dans cette condition, et que le gaz qu'on mesure est bien réellement et exclusivement du gaz libre.

Des expériences directes m'ont fait voir que le *bicarbonate de soude* n'éprouve pas de décomposition dans le vide, au moins pendant le temps nécessaire à l'opération du dosage. Ainsi, j'ai fait une dissolution de ce sel que j'ai introduite dans le baromètre, et que j'y ai maintenue pendant deux jours par une température moyenne de 25° : analysée au bout de ce temps par le chlorure de barium ammoniacal, elle n'avait rien perdu de son acide carbonique.

Je n'ai pu opérer de la même manière à l'égard du *bicarbonate de magnésie*, ce sel n'existant pas sous une forme cristalline définie; mais, en portant dans le vide un mélange de sulfate de magnésie et de bicarbonate de soude, il m'a été facile de reconnaître que la solution s'y maintient parfaitement transparente, qu'aucune trace de gaz ne se dégage, qu'aucun précipité ne se dépose, et qu'enfin le bicarbonate de magnésie est lui-même assez stable pour se maintenir dans cette condition.

Quant au *bicarbonate de chaux*, je n'ai cru pouvoir mieux faire pour m'assurer de sa stabilité, que de le prendre à l'état de dissolution où il se trouve dans certaines eaux naturelles.

L'eau de Saint-Alyre est, comme on sait, une des plus riches en chaux carbonatée que l'on connaisse, puisque c'est à cette substance qu'elle doit la propriété incrustante dont elle jouit à un si merveilleux degré. J'ai pris une petite quantité de cette eau que j'ai introduite dans le baromètre, et que j'ai dépouillée aussi complétement que possible de tout le gaz libre qu'elle pouvait retenir. Maintenue ainsi dans un vide qu'on peut regarder comme absolu, et dans des conditions de température qui ont varié entre 22° et 28°, l'eau de Saint-Alyre n'en a pas moins conservé toute sa transparence, et c'est à peine s'il s'est formé une trace nébuleuse à la surface du mercure.

J'ai cherché alors la composition qu'elle présentait dans cet état. L'acide sulfurique introduit dans le tube m'a fait connaître la quantité d'acide carbonique que les bases avaient retenue dans leur combinaison; et après avoir fait la part de la soude et de la magnésie que l'eau de Saint-Alyre contient toujours en petite quantité, j'ai trouvé que l'excédant du gaz était encore dans la proportion convenable pour former avec la chaux un véritable bicarbonate calcaire.

J'ai donc obtenu ainsi la preuve de l'existence et de la stabilité de ce sel, et il m'a paru clairement démontré « que la chaux
» qui existe dans l'eau de Saint-Alyre, comme probablement aussi
» dans la plupart des eaux minérales, ne s'y trouve pas à l'état
» de carbonate neutre simplement dissous dans l'acide carbo-
» nique, mais qu'elle y est à l'état de bicarbonate chimiquement
» combiné, soluble par lui-même et sans l'intervention de l'a-
» cide carbonique, et assez stable d'ailleurs pour résister à
» l'épreuve du vide. »

Ayant ainsi reconnu qu'aucune portion de gaz combiné ne venait se mêler au gaz libre dans la chambre du baromètre, j'ai cru pouvoir me servir en toute sécurité de cet instrument pour doser l'acide carbonique dans les eaux minérales. Rien n'est plus facile, d'ailleurs, que l'application du procédé ; rien n'est moins compliqué que l'opération qu'elle exige. L'appareil le plus convenable est celui qui est employé dans les cabinets de physique pour déterminer la force élastique des vapeurs entre $0°$ et $100°$, avec cette différence que les quatre tubes dont il se compose ont un gros diamètre et qu'ils sont gradués en centimètres cubes sur toute leur longueur. On introduit du mercure dans l'un d'eux jusqu'aux neuf dixièmes de sa hauteur, et on achève de le remplir avec un poids connu de l'eau minérale à essayer. On le renverse ensuite sur le mercure en ayant soin d'opérer assez vite, et à une température assez basse pour ne rien perdre du gaz contenu dans l'eau, puis on laisse le tout en repos jusqu'à ce que le dégagement ait complétement cessé. Quand ce résultat est atteint, ce qui demande tout au plus une heure ou deux, on agite légèrement la petite colonne d'eau pour être assuré qu'elle est bien à l'état de saturation, puis, au bout de quelques minutes, quand l'équilibre est de nouveau rétabli, on procède aux observations. Le gaz dégagé se mesure et se corrige par la méthode ordinaire; celui qui est retenu en dissolution se calcule d'après les données scientifiques que je viens de rappeler.

La formule générale qui donne la totalité du gaz libre s'exprime alors de la manière suivante :

$$V^\circ = V \frac{H}{760(1+at)} + v\omega \frac{H'}{760}.$$

V° représente le volume total du gaz libre à 0° et à 760°; V, le volume du gaz dégagé avant les corrections; H, la pression à laquelle il se trouve dans l'intérieur du tube; v, le volume de la petite colonne d'eau minérale; ω, le coefficient de la solubilité de l'acide carbonique pour la température t; H', la pression du gaz qui existe en dissolution dans l'eau.

On objectera peut-être que le gaz ainsi évalué n'est pas de l'acide carbonique pur, et qu'il se compose nécessairement de tous les fluides élastiques que l'eau minérale tenait en dissolution avant son introduction dans le vide. Je ne crois pas qu'on ait à se préoccuper de cette question, les eaux gazeuses ne renfermant guère, en fait de gaz étrangers, que quelques traces d'oxygène et d'azote. Si cependant on voulait dissiper tous les doutes à cet égard, il suffirait d'introduire dans le tube un fragment de potasse caustique et d'effectuer un second dosage quand l'absorption serait complète. La différence entre les deux déterminations pourrait s'appliquer, sans erreur sensible, à l'acide carbonique, qui est le seul gaz absorbable de quelque importance que l'on ait rencontré jusqu'ici dans les eaux gazeuses.

C'est par ce procédé du vide barométrique que j'ai dosé l'acide carbonique dans un grand nombre d'eaux minérales où je pense que sa proportion n'avait pas été convenablement appréciée. Je ne crois pas devoir rapporter ici tous les résultats numériques auxquels je suis parvenu pour chacune de ces eaux. La considération isolée de ces nombres n'aurait pas un grand intérêt pour l'Académie; je préfère l'entretenir des conséquences qui découlent de leur comparaison même.

En soumettant d'abord au nouveau procédé toutes les eaux qui composent le bassin de Vichy, j'ai pu constater l'exactitude d'une relation signalée déjà par quelques chimistes, et qui consiste en ce que « la quantité d'acide carbonique est en raison inverse » de la température des sources. »

Mais en comparant les nombres qui expriment la richesse particulière à chacune de ces sources, j'ai trouvé que la différence était beaucoup plus marquée qu'on ne le croit généralement, et qu'elle était même assez importante pour qu'on ne pût se dispenser d'en tenir compte dans l'emploi médical. L'eau des Célestins, par exemple, renferme trois fois plus de gaz libre que l'eau de la source de l'Hôpital, et elle peut même aller jusqu'à en renfermer quatre fois plus, si elle a été puisée dans des conditions plus favorables. Or, en accordant que l'acide carbonique n'intervient qu'accessoirement dans ces eaux, et qu'il n'a qu'une faible part dans l'action remarquable qui leur appartient, il est impossible d'admettre qu'une aussi énorme différence dans sa proportion n'établisse pas une distinction correspondante au point de vue des propriétés stimulantes particulières à chacune d'elles.

Ce résultat peut donc offrir un certain intérêt sous le rapport médical. Bien qu'il soit en harmonie avec les principes les plus élémentaires de la solubilité des gaz, il est assez étrange qu'il se trouve en désaccord avec les analyses les plus récentes publiées sur les eaux de Vichy. C'est pour cette raison que je me suis attaché à le bien établir dans le cas actuel, persuadé qu'il donnerait la mesure du degré de confiance que l'on peut accorder au procédé simple qui m'a servi à l'obtenir.

Passant ensuite à l'examen des eaux que l'on trouve à Clermont-Ferrand ou dans les environs de cette ville, c'est-à-dire aux eaux de Saint-Alyre, de Jaude, des Roches, de Royat, de Chateldon, de Chatelguyon et du Mont Dore, j'ai vu qu'à de très-petites différences près, les quantités d'acide carbonique libre étaient encore en raison inverse de la température des sources.

Mais en comparant les nombres fournis par les eaux de cette série avec ceux qui se rapportent aux eaux alcalines du bassin de Vichy, j'ai reconnu qu'ils étaient en général un peu plus élevés pour la même température. Il n'est pas douteux que la cause en soit due à la nature chimique essentiellement distincte des deux sortes d'eaux ; mais le résultat de mes expérimentations m'a conduit à admettre que c'était surtout au fer qu'il convenait de la rapporter.

Le fer, en effet, qui existe à l'état de bicarbonate dans les eaux gazeuses, est incapable de se maintenir sous cette forme quand elles sont portées dans le vide. Il se dépose alors en abandonnant l'acide carbonique auquel il se trouvait combiné ; et ceci explique comment les eaux très-ferrugineuses paraissent en général un peu plus riches en gaz libre qu'on n'aurait le droit de le supposer d'après leur température. Il ne faut pas croire, toutefois, que cette décomposition du bicarbonate de fer soit un inconvénient pour la méthode actuelle ; car la quantité d'acide carbonique qui provient de cette cause est toujours très-faible, et souvent même elle l'est assez pour être complétement négligeable.

La facilité avec laquelle on dose l'acide carbonique par le procédé du vide m'a permis de résoudre sur les eaux minérales une autre question qui n'est pas sans intérêt. On sait que ces eaux, abandonnées au contact de l'air, perdent leur gaz assez promptement; mais on ignore comment se fait cette déperdition, avec quelle vitesse elle procède, et comment elle se trouve influencée par la présence des sels qui existent toujours en plus ou moins grande proportion dans ces eaux.

J'ai fait, pour m'éclairer sur ce point, un grand nombre d'expériences dont les résultats me paraissent concluants. J'ai observé la déperdition journalière éprouvée par diverses eaux minérales que j'ai eu soin de placer dans des conditions exactement semblables. La comparaison des résultats obtenus m'a conduit aux conclusions suivantes :

« 1° Les eaux minérales exposées à l'air libre éprouvent une
» perte de gaz continuelle, tant que l'acide carbonique qu'elles
» retiennent en dissolution n'a pas atteint l'état de raréfaction de
» celui qui se trouve répandu dans l'air. Leur terme d'épuise-
» ment est donc absolument le même que celui des dissolutions
» gazeuses simples; mais elles en diffèrent par le temps beau-
» coup plus long qu'elles exigent pour y arriver;

« 2° Les pertes éprouvées dans le même temps et dans les
» mêmes circonstances par des eaux de nature très-diverse,
» telles que celles de Vichy, de Pougues, de Soultzmatt, de Spa
» et de Bussang, ne sont pas en rapport avec les nombres qui
» expriment leur richesse en gaz libre. L'eau des Célestins, plus
» riche que l'eau de Spa, perd cependant moins d'acide carbo-
» nique dans le même temps; et on remarque que les eaux alca-
» lines sont en général celles où domine la force d'attraction, et
» où le dégagement du gaz éprouve le retard le plus considé-
» rable. »

Ainsi, quoiqu'on doive regarder le bicarbonate de soude comme exprimant le dernier terme de l'affinité que possède la soude pour l'acide carbonique, il faut reconnaître, cependant, qu'il existe encore, entre ces deux substances, une attraction particulière dont les limites sont plus reculées, et qui fait que, dans une eau où l'une existe en dissolution, l'autre n'a plus ni la même liberté, ni la même facilité d'expansion. Cette attraction n'est pas sans doute du domaine des forces chimiques, puisqu'elle est incapable de produire une combinaison, et qu'elle se borne à retarder le dégagement du gaz sans jamais l'arrêter complétement. Mais ses effets n'en sont pas moins sensibles, et ils ont seulement pour caractère d'être sous la dépendance immédiate des causes physiques qui agissent sur elle. Ils augmentent avec la pression et diminuent avec elle, au point qu'ils finissent par s'annuler presque complétement si la force dont il s'agit vient à s'exercer dans le vide. C'est là une circonstance très-heureuse pour l'exactitude du procédé que je propose aujourd'hui, puisque c'est elle qui fait que les eaux minérales placées dans cette condition ont, à l'égard de l'acide carbonique, le même pouvoir dissolvant que celui qui appartient à l'eau pure.

Si le bicarbonate de soude a une action manifeste pour retarder le dégagement de l'acide carbonique dans les eaux où ce gaz est simplement dissous, l'acide carbonique, à son tour, n'a pas moins de puissance pour augmenter ou diminuer la proportion du sel alcalin dans les eaux qui sont minéralisées par sa présence.

Dans toutes les opérations que j'ai faites sur les eaux de Vichy, j'ai toujours eu soin, après avoir obtenu le dosage du gaz libre, d'effectuer celui du gaz combiné, en introduisant un léger excès d'acide sulfurique dans le tube. La netteté avec laquelle on opère ce partage dans le procédé actuel est un des plus grands avantages que puisse présenter son emploi. Or, presque toujours, les deux quantités se sont trouvées proportionnelles l'une à l'autre, de telle sorte que les eaux qui contenaient le plus d'acide carbonique libre étaient également celles qui contenaient le plus d'acide carbonique combiné, et, par une suite nécessaire, le plus de bicarbonate de soude en dissolution.

Cette relation particulière entre deux principes qui augmentent et diminuent dans le même sens, quoique leur solubilité soit soumise à des lois contraires, m'a paru un fait très-important pour la constitution des eaux de Vichy. Que la proportion de l'acide carbonique augmente dans les sources à mesure qu'elles sont plus froides, c'est là un résultat tout naturel et qui s'explique facilement ; mais que le bicarbonate suive lui-même cette progression, et que sa quantité diminue quand la température s'élève, c'est là un fait qui a lieu de surprendre, car il est en opposition avec les lois bien connues de la solubilité de ce sel.

Il faut donc admettre que c'est l'acide carbonique lui-même qui fait varier la proportion du sel alcalin dans les sources, et on arrive alors à cette conséquence : « que les eaux du bassin » de Vichy sont d'autant plus riches en matières minérales que » leur température est plus basse. »

C'est ce qu'on peut déjà reconnaître en comparant les proportions de bicarbonate de soude trouvées par l'analyse dans les eaux des Célestins, de l'Hôpital et de la Grande-Grille. On voit que la plus riche des trois est l'eau des Célestins, qui est de beaucoup la plus froide, tandis que la plus pauvre est l'eau de la Grande-Grille, qui s'échappe du sol avec une température de plus de 40 degrés.

Mais il est un autre point de vue sous lequel on peut envisager ce résultat. En voyant la proportion du bicarbonate de soude augmenter dans les sources à mesure que l'acide carbonique devient lui-même plus abondant, il est naturel de penser que c'est ce gaz qui contribue à le produire, en décomposant certains sels que les eaux ont pu entraîner sur leur passage. Cette hypothèse, déjà présentée par M. Henry, devient en effet très-probable après les faits que je viens de présenter.

Un chimiste anglais, M. Struckmann, a étudié dans ces derniers temps l'action de l'acide carbonique sur les silicates en dissolution, et il a vu que la silice pouvait être complétement précipitée quand le courant de gaz était maintenu pendant plusieurs jours. Si donc il ne faut que du temps à l'acide carbonique pour opérer une semblable décomposition dans les circonstances ordinaires, que ne doit-on pas attendre de l'action qu'il est capable de produire, lorsqu'il se trouve aidé d'une pression énorme comme celle qu'on peut supposer au sein des couches souterraines?

Si ce n'est pas là la véritable origine du bicarbonate de soude, elle est du moins très-vraisemblable : elle explique, dans le cas actuel de mes expériences, comment la quantité du sel produit se trouve en rapport avec la masse de gaz qui lui a donné naissance, et comment les eaux les plus riches en acide carbonique sont presque toujours celles qui renferment le plus de bicarbonate alcalin.

www.ingramcontent.com/pod-product-compliance
Lightning Source LLC
Chambersburg PA
CBHW050411210326
41520CB00020B/6551